AF119135

BEI GRIN MACHT SICH IHR
WISSEN BEZAHLT

- Wir veröffentlichen Ihre Hausarbeit,
  Bachelor- und Masterarbeit

- Ihr eigenes eBook und Buch -
  weltweit in allen wichtigen Shops

- Verdienen Sie an jedem Verkauf

Jetzt bei www.GRIN.com hochladen
und kostenlos publizieren

Bettina Wodara

Hilfsstoffe bei der Gefriertrocknung

GRIN Verlag

Bibliografische Information der Deutschen Nationalbibliothek:

Die Deutsche Bibliothek verzeichnet diese Publikation in der Deutschen National-
bibliografie; detaillierte bibliografische Daten sind im Internet über http://dnb.d-
nb.de/ abrufbar.

Impressum:

Copyright © 2008 GRIN Verlag GmbH
Druck und Bindung: Books on Demand GmbH, Norderstedt Germany
ISBN: 978-3-640-55429-4

Dieses Buch bei GRIN:

http://www.grin.com/de/e-book/144141/hilfsstoffe-bei-der-gefriertrocknung

GRIN - Your knowledge has value

Der GRIN Verlag publiziert seit 1998 wissenschaftliche Arbeiten von Studenten, Hochschullehrern und anderen Akademikern als eBook und gedrucktes Buch. Die Verlagswebsite www.grin.com ist die ideale Plattform zur Veröffentlichung von Hausarbeiten, Abschlussarbeiten, wissenschaftlichen Aufsätzen, Dissertationen und Fachbüchern.

Besuchen Sie uns im Internet:

http://www.grin.com/

http://www.facebook.com/grincom

http://www.twitter.com/grin_com

Hochschule
Albstadt-Sigmaringen
Albstadt-Sigmaringen University

Hilfsstoffe bei der Gefriertrocknung

Hausarbeit

**zur Erlangung eines Leistungsnachweises in
Biopharmazeutische Technologie**

**vorgelegt am
04.06.2008**

von

**Bettina Wodara
(in Zusammenarbeit mit Kommilitoninnen)**

Hochschule
Albstadt-Sigmaringen
Albstadt-Sigmaringen University

Einführung

Inhaltsverzeichnis

1   Einführung 3

2   Stabilisatoren..4

2.1   Kryo- und Lyoprotektoren 4

2.1.1   Hilfsstoffbeschreibung 5

2.2   Verhaltensweise der Kryo- und Lyoprotektoren während der Lyophilisation 9

2.2.1   Erstarrungsformen 9

2.2.2   Wirkungsweise am Beispiel von Proteinen................................. 10

2.3   Tenside / Oberflächenaktive Substanzen..................................... 11

2.3.1   Hilfsstoffbeschreibung 12

2.4   Wirkung des pH- Werts und Puffer.. 13

2.4.1   Hilfstoffbeschreibung.. 14

3   Fertigarzneimittelbeispiel Remicade®...............................17

3.1   Allgemeines zu Remicade®... 17

3.2   Funktionen der Hilfsstoffe.. 19

4   Zusammenfassung / Fazit 20

5   Literaturverzeichnis 21

1   Einführung

Durch die Zugabe von Hilfsstoffen werden Wirkstoffe in geeignete Darreichungsformen überführt. Gleichzeitig sind sie für die Eigenschaften der Arzneiform verantwortlich. *(Voigt, 2006)*

Um ein optimales Lyophilisat zu erhalten, werden neben den optimalen Prozessparametern wie Einfriergeschwindigkeit und –temperatur, Trocknungszeiten und –temperaturen, auch Hilfsstoffe benötigt.

Der Zusatz von Hilfsstoffen ist besonders bei Wirkstoffen, die in sehr kleinen Mengen vorkommen, unentbehrlich. Des Weiteren können Hilfsstoffe den Arzneistoff während der Gefriertrocknung vor Wirkungsverlusten bewahren.

Es ist das Ziel am Ende der Lyophilisation ein lagerstabiles Produkt zu erhalten. *(Oetjen & Haseley, 2004)*

Folgende Hilfsstoffgruppen werden zur Stabilisierung eines Lyophilisats verwendet:

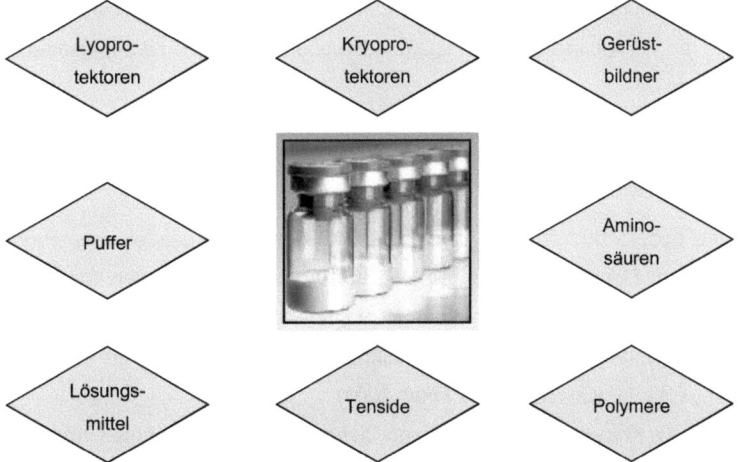

Lyopro-tektoren

Kryopro-tektoren

Gerüst-bildner

Puffer

Amino-säuren

Lösungs-mittel

Tenside

Polymere

o **Lyoprotektoren** werden zur Stabilisierung in der Trocknungsphase benötigt.

o **Kryoprotektoren** werden zur Stabilisierung während der Einfrierphase eingesetzt.

o **Gerüstbildner** erzeugen einen mechanisch stabilen Kuchen, der optisch akzeptabel ist.

o **Aminosäuren** dienen zur amorphen Erstarrung des Lyophilisats.

o **Polymere** sind große Moleküle aus sehr vielen identischen Untereinheiten (Monomere, Segmente). Sie unterstützen ebenfalls die Stabilisierung.

o **Tenside** verbessern die Benetzbarkeit und Löslichkeit der Substanzen.

o Das am häufigsten eingesetzte **Lösungsmittel** ist Wasser für Injektionszwecke.

o **Puffer** dienen zur optimalen pH-Wert-Einstellung.

(Roth, 2008)

2 Stabilisatoren

Wie in der Einführung bereits erwähnt, gibt es verschiedene Stabilisationsgruppen. Die für die Lyophilisation wichtigsten Gruppen sind im nachfolgenden Text beschrieben.

2.1 Kryo- und Lyoprotektoren

Kryo- und Lyoprotektoren sind für die Stabilität des Gefriergetrockneten Produktes verantwortlich. Dabei sollen sie den Wirkstoff während den beiden Stressphasen, Einfrieren und Trocknen, schützen. Kryoprotektoren schützen den arzneilich wirksamen Bestandteil während der Einfrierphase, Lyoprotektoren während der Trocknungsphase. *(Constantino & Pikal, 2004)*

Oft werden als Kryo- bzw. Lyoprotektoren Disaccharide oder Alkohole eingesetzt.

Häufig verwendete Disaccharide:

o Saccharose

o Lactose

o Trehalose

o Maltose

Bsp. für Alkohole:

o PEG (Polyethylenglykol)

o Mannitol

o Sorbitol

(Oetjen & Haseley, 2004)

2.1.1 Hilfsstoffbeschreibung

o **Saccharose** besteht aus Glucose und Fructose und ist somit ein Disaccharid.
Das Pulver ist weiß, kristallin und leicht hygroskopisch. Es ist in Wasser sehr
leicht löslich und in Ethanol schwer löslich. Da Saccharose keine freie
Carboxylgruppe hat, ist sie kein reduzierender Zucker. *(Voigt, 2006)*
Saccharose ist zum Beispiel im Fertigarzneimittel Gonal-F® enthalten, welches
aus Lyophilisat und Lösungsmittel besteht. *(Constantino & Pikal, 2004)*

Saccharose (β-D-Fructofuranosyl-α-D-glucopyranosid)
Quelle: http://de.wikipedia.org/wiki/Datei:Sucrose-inkscape.svg

o **Lactose** (Milchzucker) ist ebenfalls ein Disaccharid. Es besteht aus den
Monosacchariden Galactose und Glucose. Das Pulver ist weiß und kristallin.
Lactose ist weniger hygroskopisch wie Saccharose. Eine Auflösung in Wasser
findet zwar leicht, aber nur langsam statt. In Ethanol dagegen ist es praktisch
unlöslich. Im Gegensatz zu Saccharose ist Lactose ein reduzierender Zucker.

Hochschule
Albstadt-Sigmaringen
Albstadt-Sigmaringen University

Aufgrund dieser Eigenschaft kann eine Maillard-Reaktion[1] bei der Gefriertrocknung von Proteinen auftreten, deshalb sollte dieser Hilfsstoff vermieden werden. *(Voigt, 2006)*

Lactose ist zum Beispiel im Fertigarzneimittel GlucaGen ® enthalten, welches aus Lyophilisat und Lösungsmittel besteht. *(Constantino & Pikal, 2004)*

Lactose (4-O- β-D-Galactopyranosyl- α-D-glucopyranose)

Quelle: http://de.wikipedia.org/wiki/Datei:Lactose_Haworth.svg

o **Trehalose** ist ein Disaccharid, welches aus zwei verknüpften Glucose-Molekülen besteht. Die Substanz ist weiß, kristallin und in Wasser leicht löslich. Sie weißt eine niedrige Hygroskopizität auf. Trehalose ist kein reduzierender Zucker. *(Fiedler, 2002)*

Trehalose ist zum Beispiel im Fertigarzneimittel ADVATE® enthalten, welches aus Lyophilisat und Lösungsmittel besteht. *(Constantino & Pikal, 2004)*

Trehalose (1-α-Glucopyranosyl-1-α-Glucopyranosid)

Quelle: http://de.wikipedia.org/wiki/Datei:Trehalose_skeletal.svg

---

[1] Reduzierende Gruppen reagieren mit Aminogruppen (Braunverfärbungen)

o **Maltose** ist ein Disaccharid, welches aus zwei Glucosemolekülen besteht. Es handelt sich um ein weißes, kristallines und leicht wasserlösliches Pulver. Wie Lactose zählt Maltose zu den reduzierenden Zuckern. *(Fiedler, 2002)* Maltose ist zum Beispiel im Fertigarzneimittel BEXXAR® (USA) enthalten, welches aus Lyophilisat und Lösungsmittel besteht. *(Constantino & Pikal, 2004)*

Maltose (α-D-Glucopyranosyl-(1→4)-α-D-Glucopyranose)
Quelle: http://de.wikipedia.org/wiki/Datei:Maltose2.svg

o **PEG**, auch Macrogol oder Polyoxyethylen genannt, sind Polymerisationsprodukte des Ethylenoxids. Die Zahl hinter dem Namen gibt die mittlere Molekülmasse an. Die Konsistenz erhöht sich mit steigender Molekülmasse *(Voigt, 2006)*. Bei der Lyophilisation wird hauptsächlich PEG 3350 verwendet *(Constantino & Pikal, 2004)*, welches eine festwachsartige Beschaffenheit hat und wasserlöslich ist *(Schöffling, 2003)*. PEG ist zum Beispiel im Fertigarzneimittel Venoglobulin®-S (USA) enthalten, welches aus Lyophilisat und Lösungsmittel besteht. *(Constantino & Pikal, 2004)*

PEG (Polyethylenglykol)
Quelle: http://upload.wikimedia.org/wikipedia/commons/4/42/Polyethylene_glycol.png

o **Mannitol** besitzt sechs Hydroxylgruppen und ist ein weißes, kristallines, nicht hygroskopisches Pulver. Dadurch ist es selbst bei hohen Luftfeuchtigkeiten lagerfähig. Die Substanz ist leicht löslich in Wasser. *(Voigt, 2006)* Mannitol ist zum Beispiel im Fertigarzneimittel ELSPAR® enthalten, welches aus Lyophilisat und Lösungsmittel besteht. *(Constantino & Pikal, 2004)*

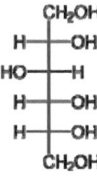

Mannitol

Quelle: http://de.wikipedia.org/wiki/Datei:Mannit.png

o **Sorbitol** weist wie Mannitol sechs Hydroxylgruppen auf. Das Pulver ist weiß, im Unterschied zu Mannitol, stark hygroskopisch und sehr leicht wasserlöslich *(Voigt, 2006)*. Sorbitol ist ein Zuckeralkohol mit sehr niedriger $T_g'^2$ (-43°C), was einen Kuchenzusammenbruch fördern kann. Deshalb sollte Sorbitol bei der Lyophilisation behutsam verwendet werden.

Sorbitol ist zum Beispiel im Fertigarzneimittel Venoglobulin®-S (USA) enthalten, welches aus Lyophilisat und Lösungsmittel besteht. *(Constantino & Pikal, 2004)*

$$\begin{array}{c} CH_2OH \\ H-\!\!\!-OH \\ HO-\!\!\!-H \\ H-\!\!\!-OH \\ H-\!\!\!-OH \\ CH_2OH \end{array}$$

Sorbitol

Quelle: http://upload.wikimedia.org/wikipedia/commons/7/77/D-Sorbitol.svg

---

² Glasübergangstemperatur bei maximal ausgefrorenem Wasser

2.2 Verhaltensweise der Kryo- und Lyoprotektoren während der Lyophilisation

2.2.1 Erstarrungsformen

Die Erstarrungsformen bei den Substanzen der Gefriertrocknung lassen sich in amorphe und kristalline Strukturen unterteilen.

2.2.1.1 Amorph

Amorphe Feststoffe erstarren ohne Ausbildung eines regelmäßigen Kristallgitters, d.h. die Anordnung der Moleküle erfolgt zufällig (siehe Abb.1 am Beispiel Trehalose). Durch diese Unregelmäßigkeit gleicht die amorphe Struktur einer erstarrten Lösung. Bei amorphen Feststoffen gibt es keinen definierten Schmelzpunkt, sondern einen Schmelzbereich. Dieser Bereich wird auch als Glasübergangstemperatur T_g bezeichnet. Ist die Temperatur kleiner als T_g liegen amorphe, glasähnliche Strukturen vor. Ist die Temperatur größer wie T_g nimmt die Viskosität der Substanz stark ab. *(Voigt, 2006)*

Während der Gefriertrocknung trocknen amorphe Substanzen sehr langsam, da keine hohen Temperaturen angewendet werden können. Durch die glasähnliche Struktur mit hoher Viskosität haben die amorph erstarrenden Hilfsstoffe eine hohe stabilisierende Wirkung. *(Roth, 2008)*

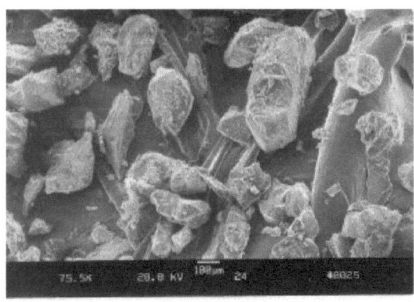
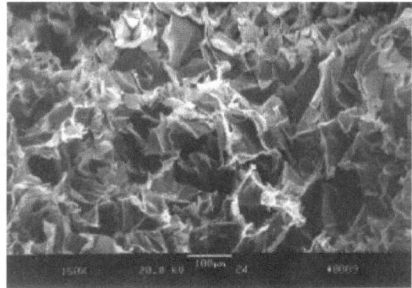

Abb.1: Trehalose Ausgangsstoff   Trehalose nach Gefriertrocknung
(Quelle: Roth, 2000)

2.2.1.2 Kristallin

Kristalline Feststoffe sind durch ihre regelmäßige Anordnung von Molekülen, Ionen oder Atomen in einem dreidimensionalen Kristallgitter charakterisiert (siehe Abb. 2 am Beispiel Mannitol). Ein Molekülkristallgitter wird durch zwischenmolekulare Wechselwirkungen und Atombindungen der einzelnen Moleküle zusammengehalten. Im Gegenteil zur amorphen Struktur besitzt die kristalline Struktur einen genauen Schmelzpunkt. *(Voigt, 2006)*

Während der Lyophilisation trocknen kristalline Substanzen sehr schnell, da höhere Temperaturen anwendbar sind. Allerdings haben sie eine geringere stabilisierende Wirkung wie amorphe Substanzen. *(Roth, 2008)*

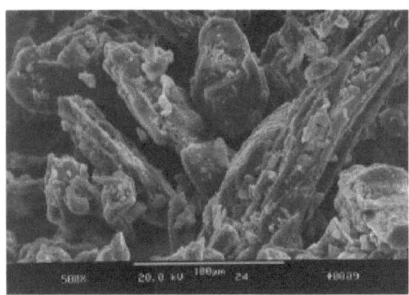 

Abb.2: Mannitol Ausgangsstoff   Mannitol nach Gefriertrocknung
(Quelle: Roth, 2000)

2.2.2 Wirkungsweise am Beispiel von Proteinen

Die Stabilisierung von Proteinen während der Gefriertrocknung und anschließender Lagerung erfolgt hauptsächlich mittels amorph erstarrenden Disacchariden. Bei der Lyophilisation wird den Eiweißen die Hydrathülle partiell entzogen. Die entzogenen Wassermoleküle werden durch Kryoprotektoren ausgetauscht, somit bleibt die Stabilität des Proteins vorhanden. Der Zusammenhalt von Kryoprotektoren und Proteinen erfolgt mit Hilfe von Wasserstoffbrückenbindungen. Der gesamte Vorgang wird auch als „preferential exclusion" bezeichnet. (Oetjen & Haseley, 2004)

Um die Stabilität aufrecht zu erhalten, ist auf eine optimale Konzentration des Kryoprotektors zu achten. Zu hohe Konzentrationen machen den

Hochschule
Albstadt-Sigmaringen
Albstadt-Sigmaringen University

Stabilisatoren

Stabilisierungseffekt rückgängig, weil das angelagerte Disaccharid kristallisiert und von dem Protein getrennt wird. (Oetjen & Haseley, 2004)

Die Lyoprotektoren hingegen lagern sich direkt an die funktionellen polaren Gruppen der Proteine an. Lyoprotektoren, wie Disaccharide und Mannitol, verfügen über hydrophile Gruppen. Aufgrund der Hydrophilie entsteht, unter Ausbildung von Wasserstoffbrücken zwischen Proteinoberfläche und Lyoprotektor, eine Matrix. In diese Matrix ist der Wirkstoff eingebettet.
Der Ablauf wird auch „water replacement" genannt. (Schmitt, 2005)

2.3 Tenside / Oberflächenaktive Substanzen

Tenside sind oberflächenaktive Substanzen, welche die Benetzbarkeit der einzelnen Substanzen erhöhen und somit der Verbesserung der Löslichkeit des Lyokuchens dienen.
Ein wichtiger Grund für die gute Löslichkeit ist, dass bei gefriergetrockneten Produkten der Anteil der zu lösenden Substanz im Verhältnis zum Rekonstitutionsmedium relativ hoch ist. Ein Beispiel: bis zu 100 mg Substanz müssen in einem Volumen zwischen 1-10 mL gelöst werden. *(Zimmer, 2003)*

Die Zugabe von Tensiden bewirkt:
o die Verhinderung der grenzflächenbedingten Denaturierung
o die Reduzierung der Aggregation der Proteine
Jedoch kann eine höhere Tensidzugabe die Produktmorphologie (Form des Produktes) ändern. Z.B. bei Polysorbat 80: Es kommt zu einer Änderung der Trocknungsrate. *(Gieseler, 2003)*
Des Weiteren verhindern Tenside eine grenzflächenbedingte Denaturierung. *(Roth, 2008)*

Verwendete Tenside:

o Lecithin

Nichtionogene O/W-Tenside:

o Polysorbat 80 (Polyoxyethylen-20-Oleat)

o Poloxamer 188 (ein Polyethylen-propylenglycol-Copolymer)

(Zimmer, 2003)

2.3.1 Hilfsstoffbeschreibung

o **Lecithin**

Lecithin gehört als natürlicher, fettähnlicher Stoff zur Gruppe der Phospholipide. Es wird meist aus Sojabohnen gewonnen und ist für den Bluttransport im Körper sehr wichtig. *(Voigt, 2006)*

Phosphoglycerid

Quelle: http://upload.wikimedia.org/wikipedia/commons/f/fd/Phospholipid.svg

o **Polysorbat 80 (Polyoxyethylen-20-Oleat)**

Polysorbat 80 ist ein Abkömmling des Sorbits (E 420). Wie alle Polysorbate ist es ein starker Emulgator, der unabhängig von der Temperatur und dem Säuregrad seiner Umgebung eingesetzt werden kann. Polysorbate stabilisieren darüber hinaus die Struktur von Fetten und Schäumen. *(Schöffling, 2003)*

Tween 80 ist zum Beispiel im Fertigarzneimittel Remicde® enthalten, welches aus Lyophilisat und Lösungsmittel besteht. *(Constantino & Pikal, 2004)*

$$\text{HO}\underbrace{\left[\begin{array}{c}O\end{array}\right]}_{y}\underbrace{\left[O\right]}_{z}\underbrace{\left[\begin{array}{c}O\\||\\O\end{array}\right]}(CH_2)_{16}CH \quad \text{SUR}$$

$$\text{HO}\underbrace{\left[\begin{array}{c}O\end{array}\right]}_{x} \quad CH_3(CH_2)_7CH$$

$$\text{HO}\underbrace{\left[\begin{array}{c}O\end{array}\right]}_{w} \quad \boxed{w+x+y+z=20}$$

Polysorbat 80

Quelle: Constantino & Pikal, 2004

○ **Poloxamer 188 (ein Polyethylen-propylenglycol-Copolymer)**

Poloxamer 188, synonym für Pluronic F68, ist ein nichtionisches Tensid. In diesem Molekül sind die beiden Monomerbausteine Blockweise verknüpft. Poloxamer 188 ist ein wachsartig-weißer Feststoff und schmilzt bei einer Temperatur von 52-57°C. Er ist sowohl in Wasser, wie auch in Alkohol löslich. Poloxamer 188 findet eine breite pharmazeutische Anwendung und ist auch für parenterale Zubereitungen geeignet. *(o.V., 2006) (Voigt, 2006)*

Poloxamer 188 ist zum Beispiel im Fertigarzneimittel Elitek™ enthalten, welches aus Lyophilisat und Lösungsmittel besteht. *(Constantino & Pikal, 2004)*

2.4 Wirkung des pH- Werts und Puffer

Proteine und Peptide enthalten verschiedene ionisierbare Hälften. Diese haben einen pKa- Wert. Als pKa- Wert wird der pH- Wert bezeichnet, bei dem eine Substanz zu 50% als lipophile Base und zu 50% als hydrophiles Kation vorliegt. Dieser pKa – Wert aus ionisierten Rückständen kann sich, abhängig von der Umgebung, ändern. Biologische Aktivitäten wirken sich kritisch auf den pH- Wert aus. Es ist daher wichtig die Wirkung des pH- Werts an der Proteinstruktur und der Stabilität im flüssigen und auch im trockenen Zustand zu verstehen. Normalerweise bezieht man sich aber auf den pH- Wert vor dem Trocknen.

Es ist erforscht, dass Eiweiße ein "pH- Wert- Gedächtnis" haben. Das heißt, sie bewahren Bioaktivitäten und die Stabilitätseigenschaften, die dem pH-Wert wie vorher in wässriger Lösung, also vor dem Trocknen, entsprechen.

Weil Eiweiße den pH- Wert im getrockneten Zustand bewahren, ist es somit wichtig, dass dieser Wert durch korrekte Auswahl eines Puffersystems kontrolliert wird.

Obwohl nun zu erwarten wäre, dass der optimale pH- Wert für die Stabilität der Lösung auch gleichzeitig der optimale pH- Wert für das entwässerte Protein ist, ist dies jedoch nicht immer der Fall. Ein Beispiel dafür ist, wenn Störungsmechanismen unterschiedliche pH-Wert Ansprüche besitzen und diese dann in den verschiedenen Zuständen überwiegen. Es ist sinnvoll eine Stabilitätsprüfung über ein getrocknetes Protein und der zugehörigen pH-Wert Funktion vor dem Trocknen durchzuführen, um dann, auf Grund dieser Daten, die optimale Bedingung herauszufinden.

Der Puffer sollte physiologisch akzeptabel sein und sein pKa-Wert so nah wie möglich am Ziel pH- Wert liegen. Am besten innerhalb eines pH- Wert Bereichs. Es ist wünschenswert den pH-Wert in der flüssigen Lösung, im gefrorenen Zustand und nach dem Trocknen aufrecht zu halten. Falls die Kontrolle über den pH- Wert während einer dieser Phasen verloren geht, ist die Stabilität der Proteine gefährdet. Das liegt an dem Problem, dass Puffer einen oder mehrere ihrer Bestandteile im gefrorenen Zustand auskristallisieren.

Ein Beispiel ist, dass im Beisein von Natriumchlorid, Di- Tri- und Natrium Phosphate die pH- Wert- Verschiebung, beim Einfrieren von verschiedenen Puffern, reduziert wird. *(Constantino & Pikal 2004)*

Neben Natriumchlorid als Salzkomponente und den klassischen Phosphat-, Acetat- und Citratpuffern werden heute TRIS-Puffer und in neueren Präparaten auch Aminosäuren zur Pufferung eingesetzt. Darüber hinaus können Aminosäuren wie z.B. Histidin, Arginin oder Glycin die Stabilität der Proteine sowohl in Lösung als auch in Lyophilisaten verbessern.

Der pH der Lösung wird dann in einem letzten Herstellungsschritt durch Zusatz von Salzsäure oder Natronlauge eingestellt. *(Zimmer 2003)*

2.4.1 Hilfstoffbeschreibung

- o **Mono- Di- oder Trinatriumphosphat**

  Natriumphosphate sind Abkömmlinge der Phosphorsäure. Dieses ist ein farbloses Salz, welches in Wasser gut löslich ist. Unter natürlichen Bedingungen kommen Natriumphospate in Mineralwasserquellen vor.

Je nachdem, wie viele Natriumatome im Molekül gebunden sind, werden drei Varianten unterschieden: Mononatriumphosphat, Dinatriumphosphat und Trinatriumphosphat.

(Tadros, 2005)

Natriumphosphat ist zum Beispiel im Fertigarzneimittel Avonex® enthalten.

(Constantino & Pikal, 2004)

$$Na^+ \; {}^-O \underset{\underset{O^- \, Na^+}{|}}{\overset{\overset{O}{\|}}{P}} O^- \, Na^+$$

Tri- Natriumphosphat

Quelle: http://www.chemikalienlexikon.de/preise/prs-html/analysen/2319-spz.htm

○ **TRIS- Puffer**

Ein TRIS Puffer besteht aus zwei Komponenten. Dem Trimethylaminomethan (Säure), und dem Trimethylaminomethananhydrochlorid (Konjugierte Base). Eine Mischung dieser beiden ergibt dann in einer wässrigen Lösung einen Puffer, der die Enzyme und Proteine nicht selbst beeinflusst, außer durch den pH-Wert.

Dieser Puffer ist auch unter dem Namen Tris- (hydroxymethyl)- aminomethan bekannt. *(Wawra, Dolznig & Müllner, 2008)*

Der TRIS-Puffer Trometamol ist zum Beispiel im Fertigarzneimittel Enbrel® enthalten, welches aus Lyophilisat und Lösungsmittel besteht. *(Zimmer 2003)*

$$HOH_2C \underset{HOH_2C}{\diagdown} \overset{CH_2OH}{\underset{NH_2}{\diagup}} C$$

Tris- (hydroxymethyl)- aminomethan

Quelle: http://www.chemikalienlexikon.de/preise/prs-html/analysen/2319-spz.htm

Aminosäuren: Histidin, Arginin und Glycin

Histidin ist in seiner natürlichen L-Form eine semiessentielle, also halbnotwendige, proteinogene Aminosäure. Es zählt mit Arginin zu den basischen Aminosäuren und kommt in Lebensmitteln wie Thunfisch, Schweinefilet, Rinderfilet und Erdnüssen vor.

Der pK- Wert von Histidin befindet sich im Neutralbereich. Daher ist es die einzige proteinogene Aminosäure, die unter physiologischen Bedingungen sowohl Protonendonator als auch Protonenakzeptor sein kann.

Histidin ist zum Beispiel im Fertigarzneimittel ReFacto® enthalten, welches aus Lyophilisat und Lösungsmittel besteht. *(Constantino & Pikal, 2004)*

Histidin

Quelle: http://upload.wikimedia.org/wikipedia/commons/1/18/Histidin_-_Histidine.svg

Arginin leitet sich vom lateinischen Wort argentum (Silber) ab, da die Aminosäure zuerst als Silber-Salz isoliert werden konnte. Diese Aminosäure hat den höchsten Masseanteil an Stickstoff von allen proteinogenen Aminosäuren. Arginin kommt als weißer Feststoff vor.

Arginin

Quelle: http://upload.wikimedia.org/wikipedia/commons/f/f4/Arginin_-_Arginine.svg

Glycin ist die kleinste und einfachste proteinogene Aminosäure. Es gehört zur Gruppe der hydrophilen Aminosäuren und ist als einzige proteinogene Aminosäure nicht chiral und damit nicht optisch aktiv. Glycin ist nicht

essentiell, kann also vom menschlichen Organismus selbst hergestellt werden und ist wichtiger Bestandteil nahezu aller Proteine und ein wichtiger Knotenpunkt im Stoffwechsel.

Glycin

Quelle: http://upload.wikimedia.org/wikipedia/commons/4/46/Glycin_-_Glycine.svg

3 Fertigarzneimittelbeispiel Remicade®

Um ein Beispiel für den Einsatz von Hilfsstoffen zu geben, wird in diesem Abschnitt das Fertigarzneimittel Remicade® von essex pharma GmbH vorgestellt und hinsichtlich seiner Hilfsstoffe und deren Funktion näher erläutert.

3.1 Allgemeines zu Remicade®

Remicade® ist ein Biopharmaka zur Behandlung von Rheumatoider Arthritis (RA). RA ist eine Autoimmunerkrankung, bei welcher sich das Immunsystem gegen die körpereigene Struktur richtet und durch Botenstoffe Entzündungen hervorgerufen werden, welche chronisch sind.

Hierbei wirkt der vom Immunsystem gebildete Botenstoff Tumornekrosefaktor-alpha (TNFα) pro-inflammatorisch (entzündungsfördernd) indem er die Freisetzung weiterer Botenstoffe stimuliert, welche wiederum die Entzündung vorantreiben und unterhalten. Zusätzlich wird die Nachproduktion von TNFα aktiviert, so dass die Entzündung chronisch wird.

Der Wirkstoff Infliximab, ein monoklonaler Antikörper, hemmt den Botenstoff TNFα indem er sich an das TNFα-Molekül bindet. Die Entzündung klingt ab und die Gelenkzerstörung wird aufgehalten.

(essex, 2007)

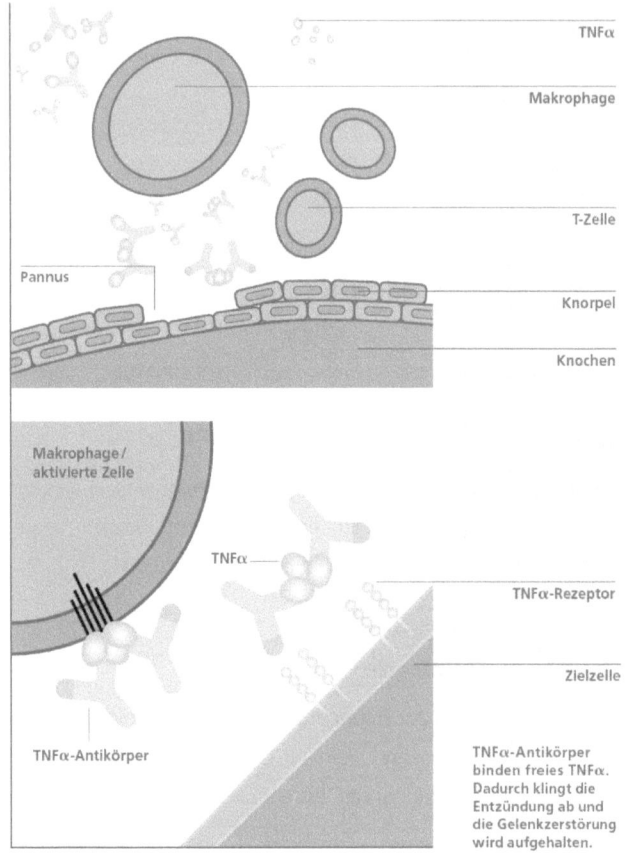

Abb. 3: Behandlung der Rheumatoiden Arthritis *(Quelle: essex 2007)*

Remicade® wird intravenös als Infusion verabreicht. Das gefriergetrocknete Produkt wird im Vial rekonstituiert und diese Lösung dann in einen Infusionsbeutel überführt und mit 0,9%iger Natriumchlorid-Infusionslösung aufgefüllt oder der Inhalt des Glasvials wird zur Infusionslösung hinzu gegeben.

(Zimmer 2003)

3.2 Funktionen der Hilfsstoffe

Remicade®	Lyophilisat (Infusionskonzentrat)
Infliximab, 100 mg	Wirkstoff
Saccharose, 500 mg	Isotonisierung, Kryoprotektor
Dinatriumhydrogenphosphat x 1 H_2O, 6,1 mg	Kryoprotektor
Natriumdihydrogenphosphat x 1 H_2O, 2,2 mg	Puffersubstanz
Polysorbat 80, 0,5 mg	Tensid

Abb. 4: Zusammensetzung von Remicade® *(Quelle: Zimmer 2003)*

o Der wichtigste Hilfsstoff dieses Präparats ist der Kryoprotektor, er schirmt Proteine voneinander ab, damit sie nicht miteinander reagieren und ein stabiler Lyokuchen entsteht.

o Der Kryoprotektor Saccharose ist gleichzeitig auch Isotonisierungsmittel, um einen osmotischen Ausgleich mit dem des menschlichen Blutes zu erreichen.

o Um nach der Rekonstitution den pH-Wert von ca. 7,2 zu erzielen sind 2,2 mg Natriumdihydrogenphosphat x 1 H_2O enthalten.

o Um eine Löslichkeit ≤ 5 Min. im Rekonstitutionsmittel zu gewährleisten ist die oberflächenaktive Substanz Polysorbat 80 in Remicade® beigefügt.

(Zimmer 2003) (Ammon 2004)

4   Zusammenfassung / Fazit

Es gibt eine Vielzahl an Hilfsstoffklassen mit jeweils unterschiedlichen Vertretern. Diese verschiedenen Hilfsstoffe können unterschiedliche Funktionen in einem Fertigarzneimittel einnehmen. Es muss somit nicht jeder Hilfsstoff in jedem Produkt enthalten sein, da ein und derselbe Hilfsstoff zum Beispiel gleichzeitig ein Lyo- und Kryoprotektor sein kann, aber auch isotonisierend wirken kann. Wichtig ist, ein stabiles Produkt zu erzielen, welches punktgenau wirkt.

Anhand dieser Gründe kann man daraus schließen, dass die galenische Entwicklung bei gefriergetrockneten Produkten sehr wichtig und teilweise auch sehr aufwendig sein kann, da jedes Produkt individuell gestaltet werden muss. Was nicht nur für die Hilfsstoffe in der Gefriertrocknung gilt, sondern allgemein feststeht ist, dass die Hilfsstoffe nie mit dem Wirkstoff reagieren dürfen und ihn dadurch verändern.

Zum Abschluss eignet sich das Zitat von Frau Roth sehr gut als Fazit dieser Hausarbeit:

„Die „KUNST" ist: eine sinnvolle Kombination zu finden, um eine robuste Formulierung zu erreichen."

(Quelle: Roth 2008)

Hochschule
Albstadt-Sigmaringen
Albstadt-Sigmaringen University

5 Literaturverzeichnis

o Ammon H.

Hunnius – Pharmazeutisches Wörterbuch. 9. Auflage. 2004. Walter de Gruyter
GmbH & Co. KG, Berlin

o Constantino H., Pikal M.:

Lyophilisation of Biopharmaceuticals. 2004. AAPS Press USA

o essex pharma GmbH Krüger K.:

Informationen für Patienten – Rheumatoide Arthritis. September 2007. Online
im Internet. URL:

www.essex.de/essex/cms/content/pdf/broschueren/rheuma.pdf [30.05.2008]

o Fiedler P.:

Lexikon der Hilfsstoffe für Pharmazie, Kosmetik und angrenzende Gebiete.
2002. Editio Cantor Verlag Aulendorf

o Gieseler H.

Gefriertrocknung mit System: Gefriertrocknung von Pharmazeutika, Lehrstuhl
für pharmazeutische Technologie Universität Erlangen-Nürnberg. 2003. Online
im Internet: URL http://www.pharmtech.uni-erlangen.de/Christ_Seminar_2003.
pdf [01.06.08]

o Oetjen G., Haseley P.:

Freeze-Drying Second, Completely Revised and Extended Edition. 2004.
WILEY-VCH Verlag GmbH & Co. KGaA Weinheim

o o.V.

Zusatzstoffe-online.de - Informationen zu Lebensmittelzusatzstoffen. 2006.
Online im Internet. URL: http://www.zusatzstoffe-online.de/zusatzstoffe/
123.e339_natriumphosphat.html [01.06.2008]

o Roth, C.:
   Ein Mikro-Waageverfahren zur kontinuierlichen Bestimmung der
   Sublimationsgeschwindigkeit während der Gefriertrocknung. 2000. Online im
   Internet. URL: http://www2.chemie.uni-erlangen.de/services/dissonline/
   data/dissertation/Claudia_Roth/html/toc.html#TopOfPage [15.04.2008]

o Roth, C.:
   Skript Gefriertrocknung in der pharmazeutischen Industrie. 2008. Vetter
   Pharma-Fertigung Ravensburg

o Schmitt, S.:
   Dissertation – Systematische Rezepturentwicklung von Tabletten aus
   Lyophilisaten. 2005. Online im Internet. URL: http://archiv.ub.uni-heidelberg.de
   /volltextserver/volltexte/2005/5430/pdf/DissEndStefanieSchmitt.pdf
   [15.04.2008]

o Schöffling U.:
   Arzneiformenlehre 4. Auflage. 2003. Deutscher Apotheker Verlag Stuttgart

o Tadros T.:
   Applied Surfactants: Principles and Applications. UK 2005. Wiley-VCH Verlag
   GmbH & Co. KG KGaA, Weinheim

o Voigt R.:
   Pharmazeutische Technologie für Studium und Beruf 10.Auflage. 2006.
   Deutscher Apotheker Verlag Stuttgart

o Wawra E., Dolznig H., Müllner E.
   Chemie verstehen. 3.Auflage. 2008. UTB Stuttgart

o Zimmer A.:
   Galenische Formulierung rekombinanter Wirkstoffe. 2003. Online im Internet.
   URL: www.uni-graz.at/pharmazie/pharmatech/docs/zimmer_7.pdf [30.05.08]